科学探秘
培养儿童科学基础素养

了解化石
有魔法的石头

温会会/文　曾平/绘

浙江摄影出版社
全国百佳图书出版单位

化石实验室里，博士爷爷正在埋头做研究。
奇奇拿着一块石头，气喘吁吁地跑进了实验室。

博士爷爷，我发现了一块漂亮的石头！

3

听到奇奇的声音，博士爷爷停下手中的工作，笑着说："什么石头呀？快让我看看！"

"瞧，就是它！"奇奇张开手掌说。

"哦，原来是鹅卵石呀！"博士爷爷笑眯眯地说。

奇奇一边参观着实验室，一边好奇地问："博士爷爷，这些是什么石头呀？"

博士爷爷笑着说："这些是化石。它们是古老的地质年代的动物或植物的遗体、遗物或遗迹，和普通的石头不一样哦！"

7

　　接着，博士爷爷向奇奇介绍起实验室里的化石。

　　"这是恐龙化石。远古的恐龙遗体埋藏在地下，经过岁月的演变，成为像石头一样坚硬的东西。"

"博士爷爷，这又是什么化石？"奇奇问。

"这是恐龙的脚印化石。和恐龙化石那种遗体化石不同，它属于遗迹化石，保留了在岩层中的恐龙活动的足迹。"博士爷爷答。

　　听了博士爷爷的介绍，奇奇激动地说："化石真有趣！我也想挖一块恐龙化石来玩玩。"

　　博士爷爷摇摇头说："挖化石可没那么简单！化石的形成需要经过漫长的时间，而且它们往往藏在坚硬的岩石里，不容易被发现。"

博士爷爷领着奇奇参观实验室里各种各样的化石。

博士爷爷指着一块奇特的化石，说："看，这是古老的青蛙化石。"

奇奇瞪大了眼睛，笑着说："小小的青蛙躲在硬邦邦的石头里，真可爱！"

"这是在北极的冻土层中发现的猛犸象化石。"博士爷爷说。

　　"哇，它有完整的骨骼，连皮毛都保存下来了呢！"奇奇惊奇地说。

奇奇看到一块特别的化石，说："呀，这块化石上的动物长得像虫子！"

　　"这是三叶虫化石。三叶虫是最早出现于寒武纪的动物，它生活在远古的海洋里。"博士爷爷说。

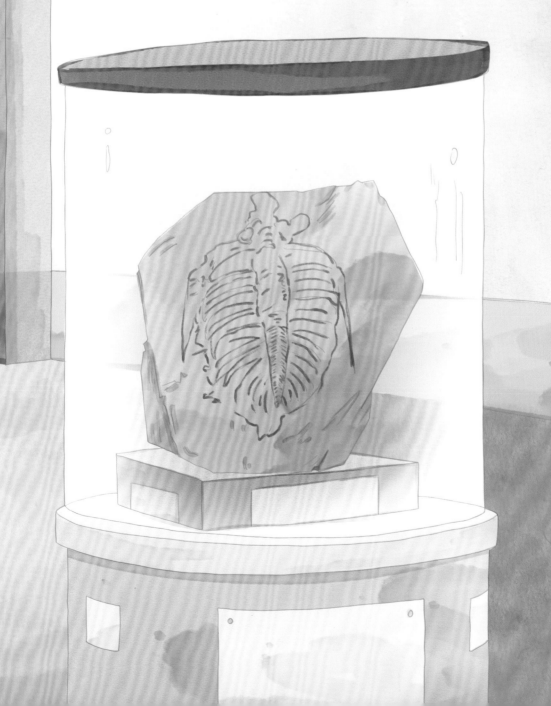

"这是将古代黄河象的骨骼化石拼接组合成的一头骨架庞大的大象。通过黄河象化石、恐龙化石、猛犸象化石、三叶虫化石，我们能够了解已灭绝的动物哦！"博士爷爷说。

"博士爷爷，化石都是动物变成的吗？"
奇奇好奇地问。
　　"不全是。世界上还有许多植物演变而成
的化石。比如，漂亮的叶子化石和果实化石。"
博士爷爷答。

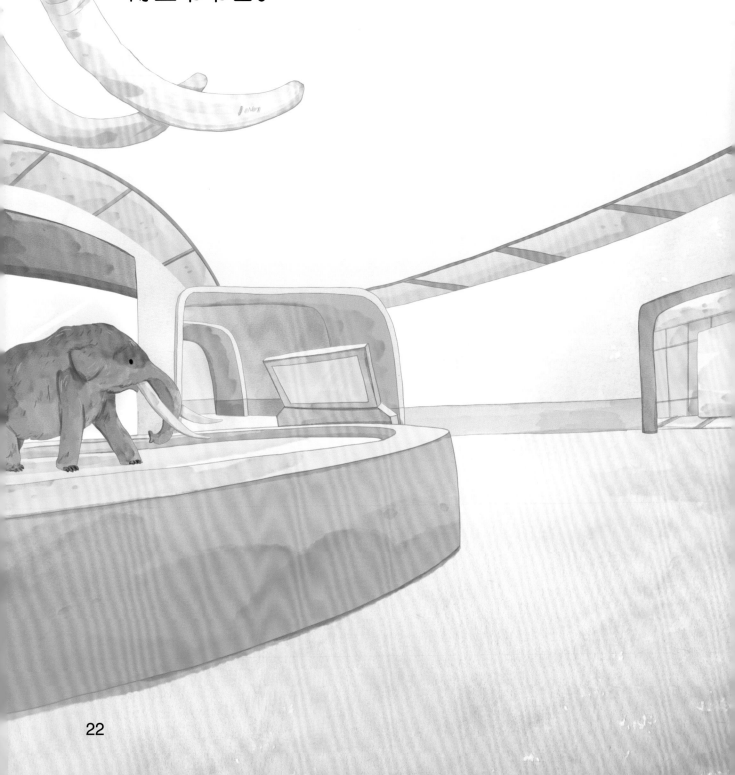

博士爷爷掏出图册，补充说：
"还有整棵树变成的化石呢！它就
是树化石。"

参观完博士爷爷的实验室，奇奇兴奋地说："化石真是太奇妙了！它们就像一块块拥有魔法的石头，能够让人类了解很久以前的、从未见过的东西！"

责任编辑　瞿昌林
责任校对　王君美
责任印制　汪立峰

项目设计　北视国

图书在版编目（CIP）数据

了解化石：有魔法的石头 / 温会会文；曾平绘 .
-- 杭州：浙江摄影出版社 , 2022.8
（科学探秘·培养儿童科学基础素养）
ISBN 978-7-5514-4050-9

Ⅰ . ①了… Ⅱ . ①温… ②曾… Ⅲ . ①化石－儿童读
物 Ⅳ . ① Q911.2-49

中国版本图书馆 CIP 数据核字（2022）第 137423 号

LIAOJIE HUASHI: YOU MOFA DE SHITOU

了解化石：有魔法的石头
（科学探秘·培养儿童科学基础素养）

温会会 / 文　曾平 / 绘

全国百佳图书出版单位
浙江摄影出版社出版发行
地址：杭州市体育场路 347 号
邮编：310006
电话：0571-85151082
网址：www.photo.zjcb.com
制版：北京北视国文化传媒有限公司
印刷：唐山富达印务有限公司
开本：889mm×1194mm　1/16
印张：2
2022 年 8 月第 1 版　　2022 年 8 月第 1 次印刷
ISBN 978-7-5514-4050-9
定价：39.80 元